地震的防抗救

中国地震灾害防御中心　编

科学普及出版社
·北　京·

图书在版编目（CIP）数据

地震的防、抗、救 / 中国地震灾害防御中心编 . —北京：科学普及出版社，2019.4

ISBN 978-7-110-09933-9

Ⅰ. ①地… Ⅱ. ①中… Ⅲ. ①防震减灾—普及读物 Ⅳ. ① P315.94-49

中国版本图书馆 CIP 数据核字（2019）第 022204 号

策划编辑　符晓静
责任编辑　白　珺　王晓平
正文设计　中文天地
封面设计　韩　杰　孙雪骊
插　　图　苍景瑜　田晓雷
责任校对　邓雪梅
责任印制　徐　飞

出　　版　科学普及出版社
发　　行　中国科学技术出版社有限公司发行部
地　　址　北京市海淀区中关村南大街 16 号
邮　　编　100081
发行电话　010-62173865
传　　真　010-62173081
网　　址　http://www.cspbooks.com.cn

开　　本　710mm × 1000mm　1/16
字　　数　103 千字
印　　张　6
版　　次　2019 年 4 月第 1 版
印　　次　2019 年 4 月第 1 次印刷
印　　刷　北京博海升彩色印刷有限公司
书　　号　ISBN 978-7-110-09933-9 / P · 212
定　　价　49.80 元

编委会

目 录
CONTENTS

第五部分　地震后你要了解的知识

第六部分　我的社区最安全

第七部分　让你的房子更结实

第八部分　砖房屋与木房屋的抗震措施

第一部分

有关地震的知识
——地震科普小常识

一、了解地球的内部构造
二、地震是怎样发生的
三、地震有哪些类型
四、世界及中国的地震带
五、地震活动断层
六、有关地震的主要名词
七、地震造成的灾害

一、了解地球的内部构造

地球的内部像一个煮熟了的鸡蛋：地壳好比是外面一层薄薄的蛋壳，地幔好比是蛋白，地核好比是最里面的蛋黄。

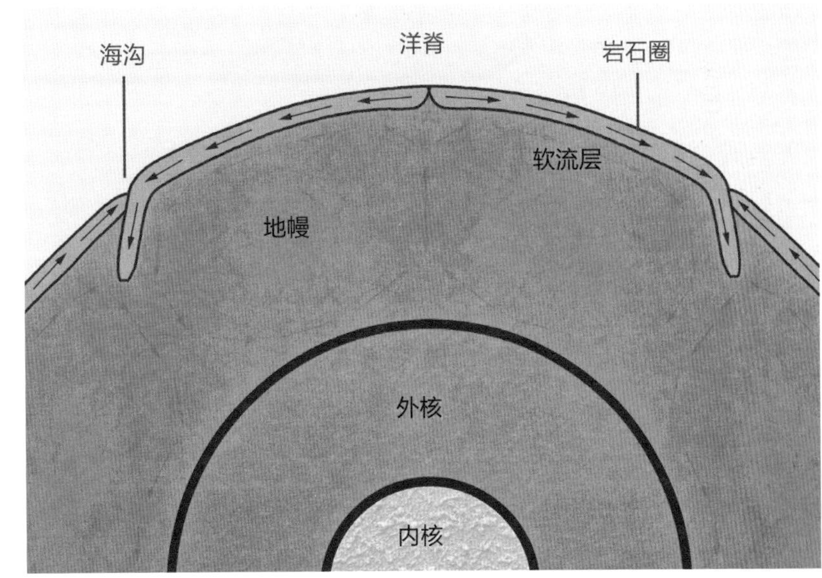

二、地震是怎样发生的

1. 地震的成因

地球表面并不是一块完整的岩石，而是由大小不等的板块彼此镶嵌而成的。其中，较大的有六块，它们分别是亚欧板块、美洲板块、非洲板块、南极洲板块、太平洋板块和印度洋板块。这些板块在地幔上面每年以几厘米到十几厘米的速度漂移，相互挤压碰撞，使地壳产生破裂或错动，这是地震产生的主要原因。

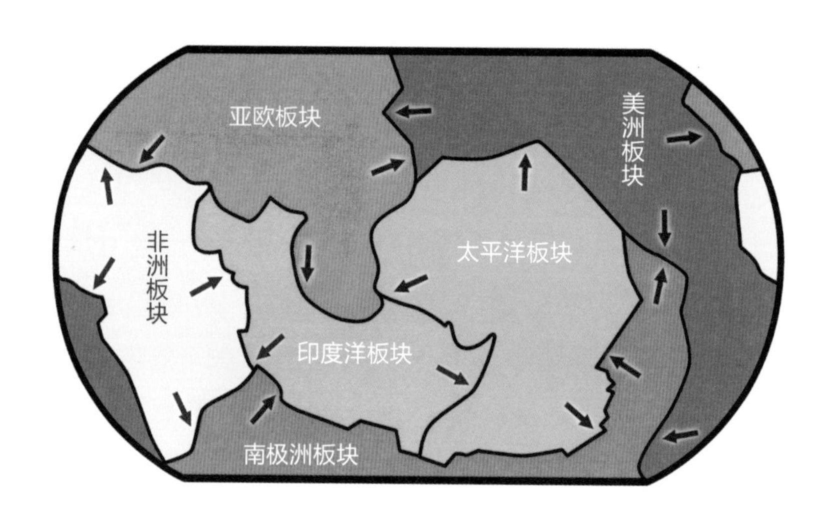

2. 断层与地震的关系

断层是地下岩层沿一个破裂面或破裂带两侧发生相对位移的现象。地震往往是由断层活动引起的，是断层活动的一种表现，所以地震与断层的关系十分密切。

三、地震有哪些类型

1. 构造地震

由地球内部构造活动引起地下深处岩层错动、破裂所造成的地震称为构造地震。这类地震发生的次数最多，破坏力最大，造成的地震灾害也最严重。全球 90% 以上的地震为构造地震。

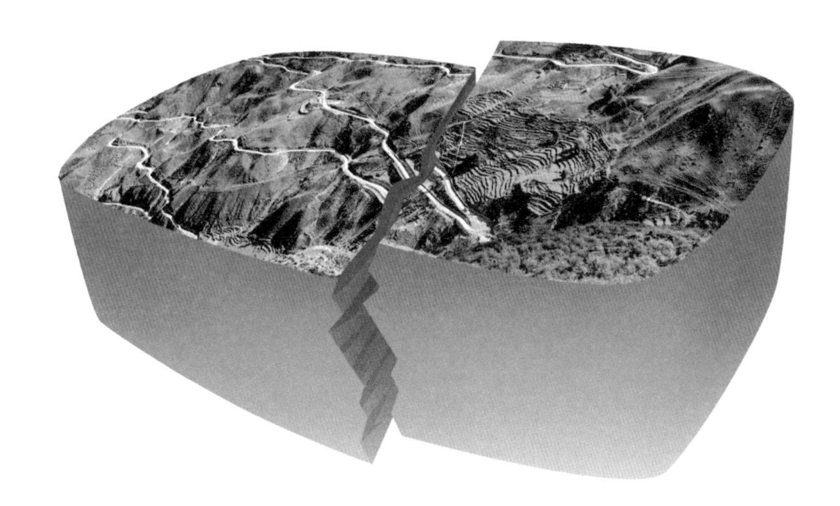

2. 火山地震

由火山作用，如岩浆活动导致火山喷发、气体爆炸等引起的地震称为火山地震。只有在火山活动区才可能发生火山地震，这类地震只占全球地震的 7% 左右。

3. 陷落地震

由地下岩层陷落引起的地震称为陷落地震。这类地震的规模比较小，发生的次数也很少，即使有，也往往发生在溶洞密布的石灰岩地区或经大规模地下开采的矿区。

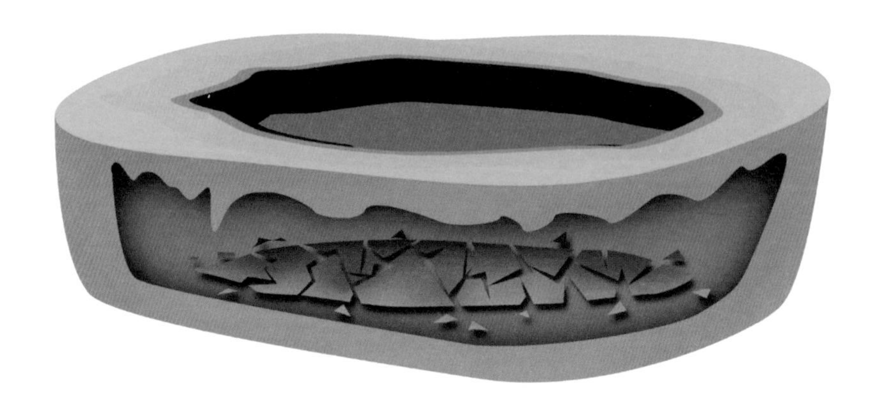

4. 诱发地震

由人类活动引发的地震称为诱发地震，主要包括矿山诱发地震和水库诱发地震。这类地震仅仅在某些特定的库区或油田地区发生。

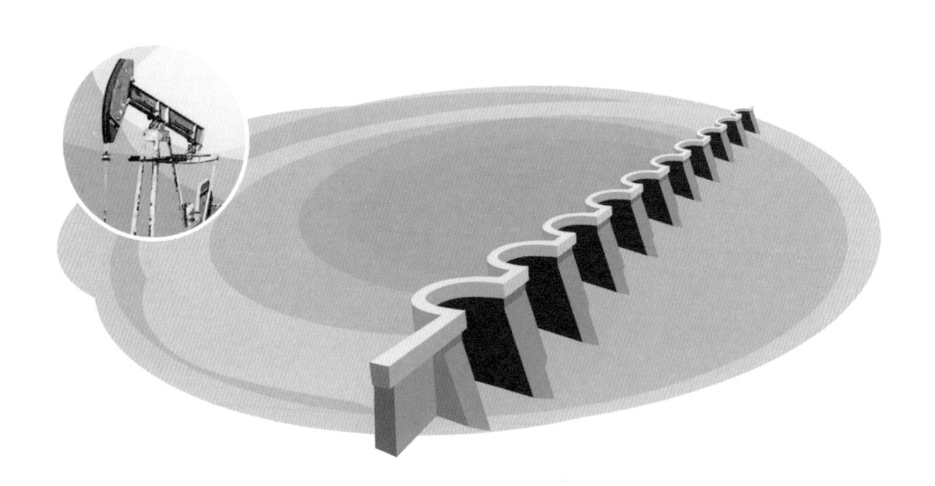

5. 人工地震

由地下核爆炸、炸药爆破等人类活动引起的地面震动称为人工地震。

四、世界及中国的地震带

1. 世界地震带的主要分布

地震带是地震集中分布的地带，在地震带内地震分布密集，在地震带外地震分布零散。世界上主要有以下三大地震带。

（1）环太平洋地震带：分布在太平洋周围，包括南北美洲太平洋沿岸和从阿留申群岛、堪察加半岛、日本列岛南下至我国台湾地区，再经菲律宾群岛转向东南，直到新西兰。这里是全球分布最广、地震最多的地震带，其地震所释放的能量约占全球地震释放总能量的3/4。

（2）欧亚地震带：从地中海向东，一支经中亚至喜马拉雅山，然后向南经我国横断山脉，过缅甸，呈弧形转向东，至印度尼西亚；另一支从中亚向东北延伸，至堪察加半岛，分布比较零散。

（3）海岭地震带：分布在太平洋、大西洋、印度洋中的海岭地区（海底山脉）。

2. 我国地震带的主要分布

（1）我国的地震活动主要分布在5个地区的23条地震带上，这5个地区是：

1）台湾地区及其附近海域；

2）西南地区，包括西藏、四川西部和云南中西部；

3）西北地区，主要在甘肃河西走廊、青海、宁夏以及新疆天山南北麓；

4）华北地区，主要在太行山两侧、汾渭河谷、阴山—燕山一带、山东中部和渤海湾；

5）东南沿海的广东、福建等地。

（2）南北地震带：从我国的宁夏开始，经甘肃东部、四川西部直至云南，有一条纵贯中国大陆、大致呈南北走向的地震密集带，在历史上曾多次发生强烈地震，被称为中国南北地震带，简称“南北地震带”。该地震带向北可延伸至蒙古国境内，向南可到缅甸。

五、地震活动断层

活动断层是指晚第四纪以来有活动的断层。地震活动断层是指曾发生和可能发生地震的活动断层。

地震活动断层具有很强的破坏力，因此要探测活动断层的位置，建筑物应尽可能地避开地震活动断层。

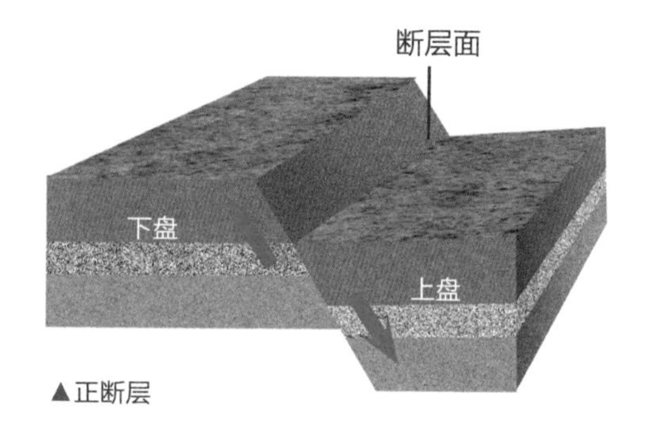

▲正断层

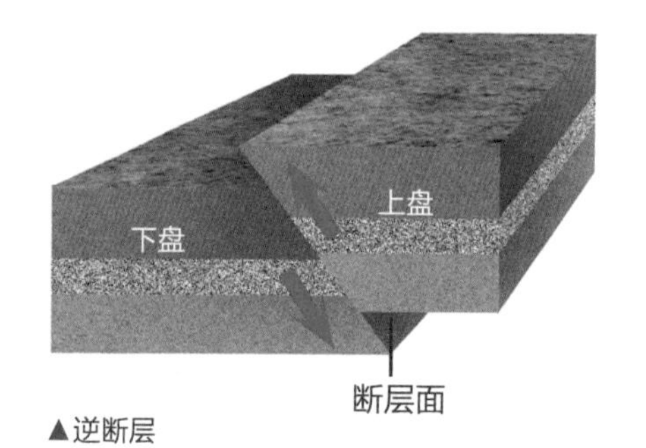

▲逆断层

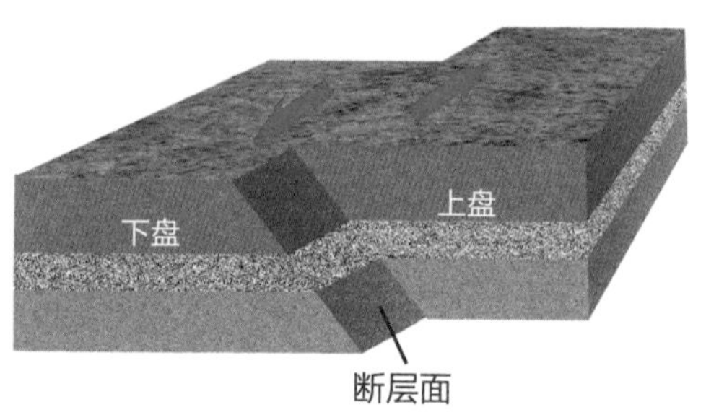

▲平移断层

六、有关地震的主要名词

1. 震级与烈度

震级是地震大小的度量，反映不同地震释放能量的差异。烈度是地面遭受地震影响和破坏的程度。它们是衡量地震的两把“尺子”。一次地震只有一个震级，但烈度不止一个。离震中近的地方烈度高，破坏性大；反之，烈度低，破坏性小。

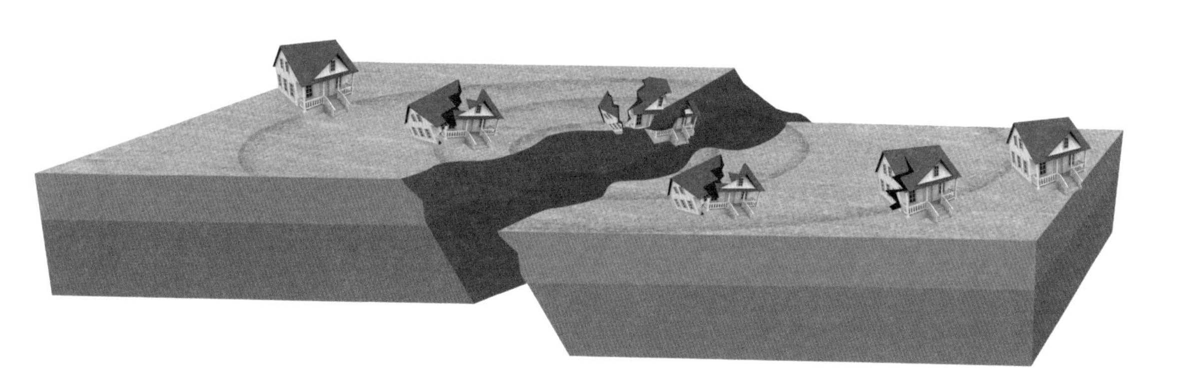

地震按震级大小大致可以分为以下四种。

（1）弱震：震级小于 3.0 级。如果震源不是很浅，这种地震一般不易被人觉察。

（2）有感地震：震级大于或等于 3.0 级、小于或等于 4.5 级。这种地震人们能够感觉到，但一般不会造成破坏。

（3）中强震：震级大于 4.5 级、小于 6.0 级，属于可造成损坏或破坏的地震，但破坏程度还与震源深度、震中距等多种因素有关。

（4）强震：震级大于或等于 6.0 级，是能造成严重破坏的地震。其中，震级大于或等于 8.0 级的地震又称为巨大地震。

2. 震源

地球内部直接产生破裂的地方称为震源，它是一个区域，但研究地震时常把它看成一个点。

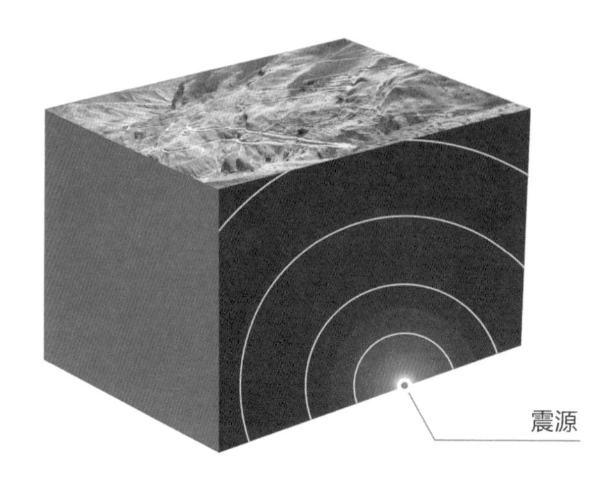

3. 震中与震中距

地面上正对着震源的那一点称为震中，它实际上也是一个区域。从震中到地面上任何一点的距离叫作震中距。

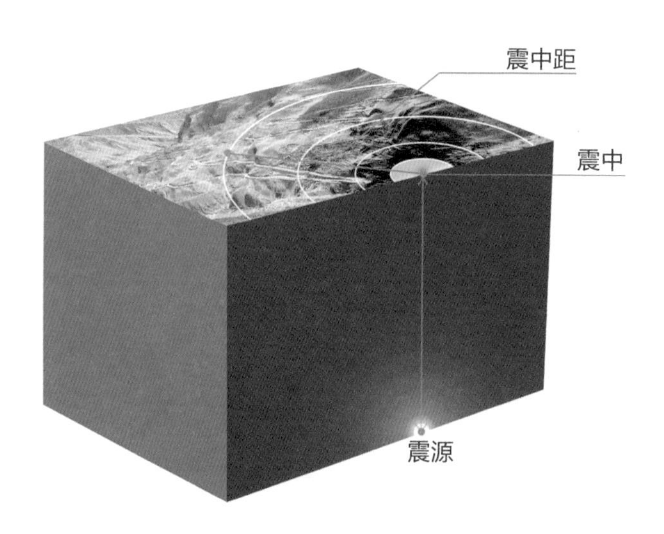

4. 震源深度

从震源到震中的距离叫作震源深度。震源深度小于 60 千米的地震为浅源地震，震源深度大于 300 千米的地震为深源地震，震源深度为 60 ~ 300 千米的地震为中源地震。同样强度的地震，震源越浅，所造成的影响或破坏越重。我国绝大多数地震为浅源地震。

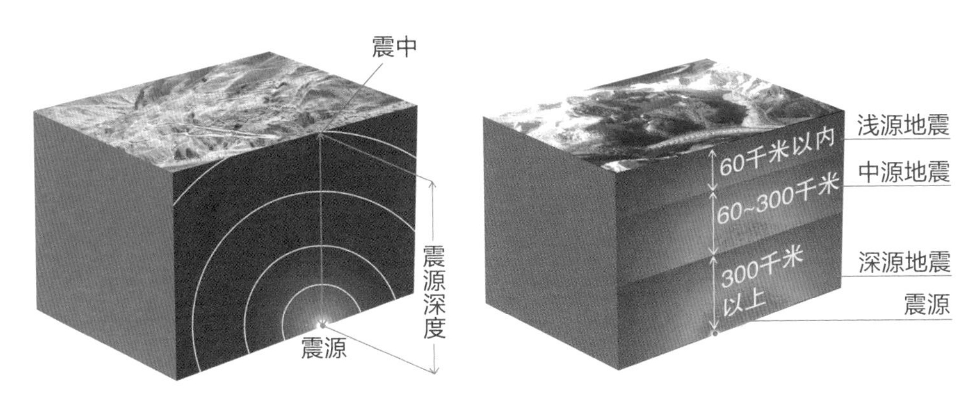

5. 远震、近震和地方震

同一个地震在不同的距离上观察，远近不同，叫法也不同。对于观察点而言，震中距大于 1000 千米的地震称为远震，震中距在 100 ~ 1000 千米的地震称为近震，震中距在 100 千米以内的地震称为地方震。例如，汶川地震对于 300 多千米处的重庆而言为近震，而对于 1800 千米之外的北京而言则为远震。

6. 地震波

地震发生时，地下岩层断裂错位释放出巨大的能量，激发出一种向四周传播的弹性波，这就是地震波。地震波主要分为体波和面波。

体波可以在三维空间中向任何方向传播，又可分为纵波和横波。纵波是指振动方向与波的传播方向一致的波，其传播速度较快，到达地面时人感觉颠动，物体会上下跳动。横波是指振动方向与波的传播方向垂直的波，其传播速度比纵波慢，到达地面时人感觉摇晃，物体会来回摆动。

面波是指当体波到达岩层界面或地表时产生的沿界面或地表传播的幅度很大的波。面波传播速度小于横波，所以跟在横波的后面。

7. 余震

余震是在地震序列中主震后的所有地震的统称。余震一般在地球内部发生主震的同一地方发生。通常的情况是一个主震发生以后，紧跟着有一系列余震，其强度一般都比主震小。余震一般会持续较长时间。

（1）主震－余震型地震

主震－余震型地震的特点：主震非常突出，余震十分丰富；最大地震所释放的能量占全序列的 90% 以上；主震震级和最大余震震级相差 0.7 ～ 2.4 级。

（2）前震－主震－余震型地震

有时，主震发生前先有一些前震出现，这种主震－余震型地震也叫前震－主震－余震型地震。例如，1975 年 2 月 4 日辽宁海城 7.3 级地震前，自 2 月 1 日起突然出现小震活动，且其频度和强度都不断升高，于 2 月 4 日上午出现两次有感地震，主震于当日 18 时 36 分发生。

（3）震群型地震

震群型地震的特点：有两个以上大小相近的主震，余震十分丰富；主要能量通过多次震级相近的地震释放，最大地震所释放的能量占全序列的 90% 以下；主震震级和最大余震相差 0.7 级以下。如 1966 年河北邢台地震即属于此类，在 3 月 8—22 日的 15 天内，先后发生 6.0 级以上地震 5 次，震级分别为 7.2 级、6.8 级、6.7 级、6.2 级、6.0 级。

（4）孤立型地震

孤立型地震的特点：有突出的主震，余震次数少、强度低；主震所释放的能量占全序列的 99.9% 以上；主震震级和最大余震相差 2.4 级以上。例如，1983 年 11 月 7 日山东菏泽 5.9 级地震即属于此类，它的最大余震只有 3.0 级左右。

七、地震造成的灾害

1. 地震直接灾害

地震直接灾害是指由地震的原生现象，如地震断层错动，大范围地面倾斜、升降和变形以及地震波引起的地面震动等所造成的直接后果。

地震直接灾害包括：①建筑物和构筑物的破坏或倒塌；②地面破坏，如地裂缝、地基沉陷、喷水冒砂等；③山体等自然物的破坏，如山崩、滑坡、泥石流等；④水体的振荡，如海啸、湖震等；⑤其他，如地光烧伤人畜等。

▲地震直接灾害——地裂缝

以上破坏是造成震后人员伤亡、生命线工程毁坏、社会经济受损等灾害后果最直接、最重要的原因。

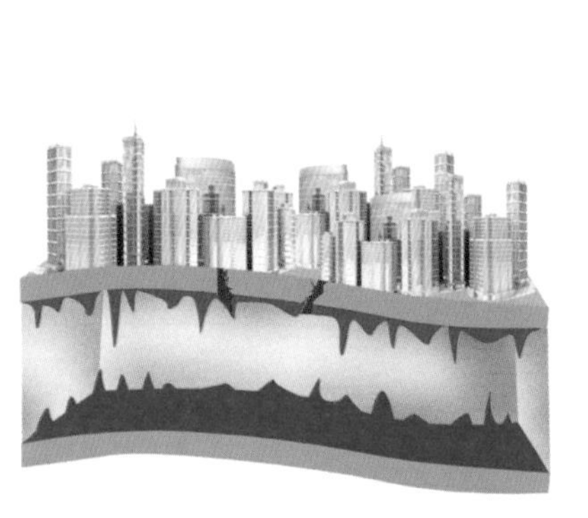
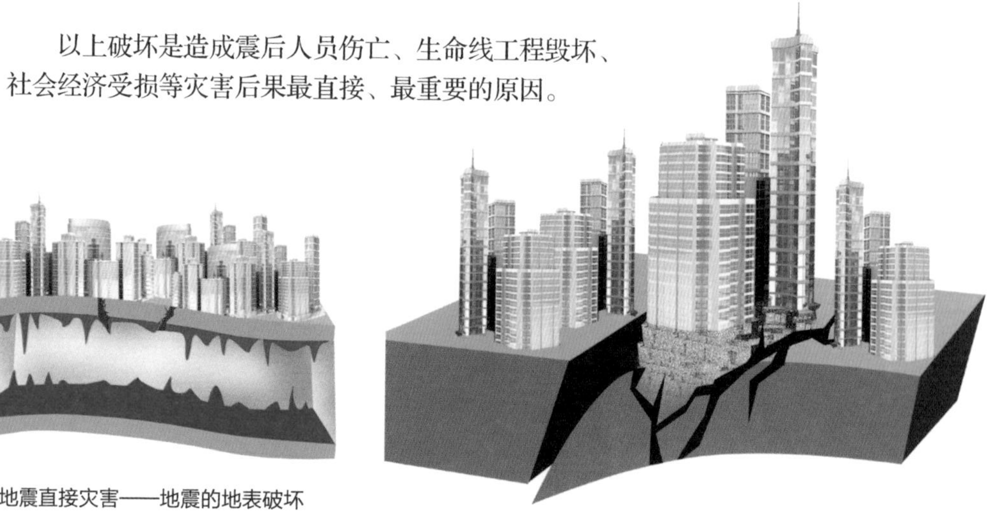

▲地震直接灾害——地震的地表破坏

2. 地震次生灾害

地震灾害打破了自然界原有的平衡状态或社会正常秩序而导致的灾害，称为地震次生灾害。如地震引起的火灾、水灾，有毒容器破坏后毒气、毒液或放射性物质等泄漏造成的灾害等。

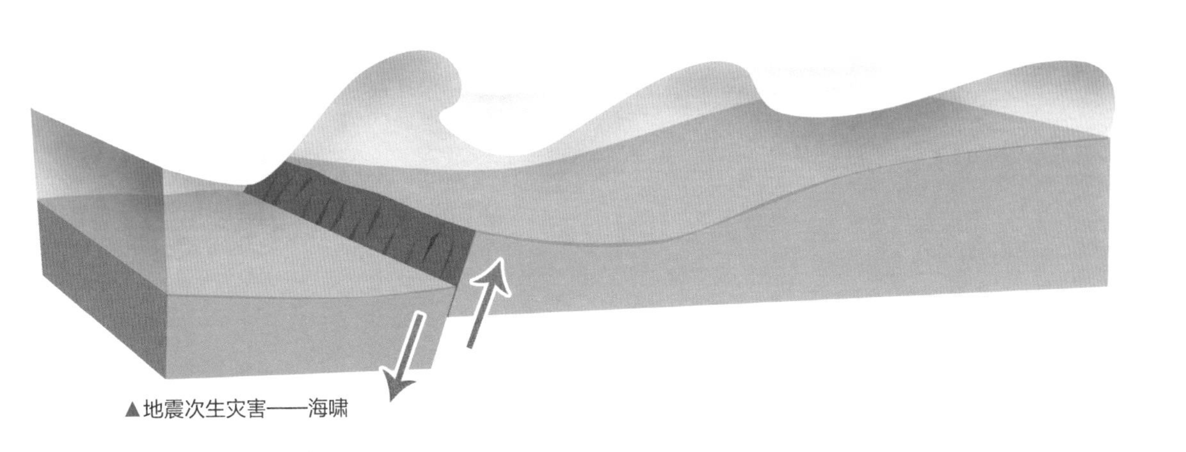

▲地震次生灾害——海啸

▲地震次生灾害——核泄漏或毒气泄漏

▲地震次生灾害——次生火灾

地震后还会引发种种社会性灾害，如瘟疫与饥荒。社会经济技术的发展还会带来新的继发性灾害，如通信事故、计算机事故等。这些灾害是否发生或灾害大小，往往与社会条件有着更为密切的关系。

第二部分

在地震中保护自己
——家庭防震六步走

一、制订一个有效的计划
二、消除家中的安全隐患
三、准备好应急所需的物品
四、地震时，采取有效的避震方法
五、地震后，检查受伤情况和房屋的受损情况
六、安全最重要

一、制订一个有效的计划

与您的家人讨论地震以及需要做好防震准备工作的原因。保证全家人都知道地震发生之前、发生之时以及发生之后应当做的事情。

1. 确定灾难发生之后的集合地点

（1）一定要确定一个地震后靠近您家的安全集合地点。

（2）考虑到如果我们的居住环境被破坏，还要选择一个远一些的安全集合地点。

2. 选择好集合地点后应做的事

（1）确定地震发生时家中可藏身的安全地方，制定从家里和每个房间逃生的最佳路线，找到两条逃出社区的最佳路线。

（2）如果您不在家里，选择本地邻居或朋友的家作为孩子集合的安全场所。

（3）请一位不在本地区居住的朋友作为您家人在发生灾难时的联络人。发生灾难后，全家人应当给这个人打电话，告知自己的所在。

3. 学习救生方法

（1）学习急救方法和心肺复苏术。

（2）知道灭火器的位置。

（3）知道如何以及何时关掉家中的水、电和燃气阀门。

4. 保存好重要证件和资料

（1）抵押、租赁或者租约文件。
（2）保险文件。
（3）银行对账单。
（4）信用卡号码。
（5）财产清册。
（6）车辆所有权文件。
（7）出生证明。
（8）护照。
（9）驾驶执照。
（10）结婚证/离婚证。
（11）小孩监护文件。
（12）委托书（包括医疗保健）。
（13）重要医疗文件。

5. 要随身携带紧急联系卡

给家人每人发一张“紧急联系卡”，让大家随身携带。联系卡上务必写清紧急联系人姓名、联系电话和所在城市等信息。

紧急联系卡	
姓名	
性别	
出生年月	
血型	
过敏史	
病史	
紧急联系人姓名	
紧急联系人电话	
紧急联系人所在城市	
备注	

每年按计划演习两次，不要忘记更新应急用品。

二、消除家中的安全隐患

发生地震时，您家里的一切物品都会移动。物品从架子上落下来，挂在墙上的物品掉下来，玻璃破碎，笨重的家具倒下……为了解决这些问题，您可以做下面一些简单又花钱少的事情，使您的家更加安全。

1. 悬挂物品

（1）不要在床铺或沙发上方悬挂重物。只悬挂柔软物品（装饰品），比如没有装镜框的海报或者挂毯。

（2）一定要把镜子、相片和其他重物固定在墙上。

2. 开放式储物架和桌上的物品

（1）把笨重物品和易碎物品放在架子的下方。

（2）把值钱的物品固定好，注意不要损坏物品。

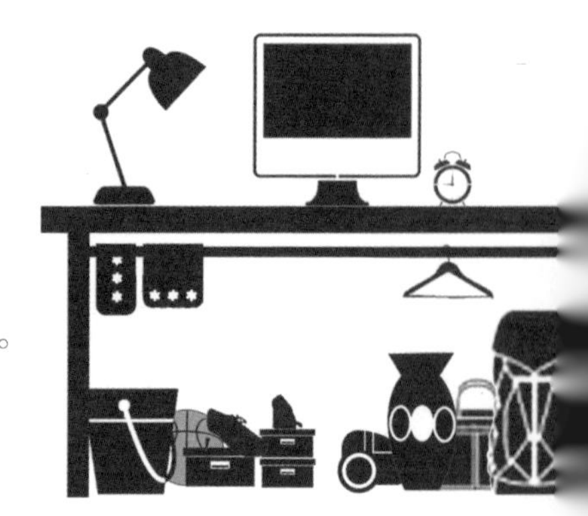

3. 家具和家用电器

（1）使用尼龙绳把家具靠墙固定，避免倾倒，把高家具的顶角固定在墙壁的螺栓上。

（2）固定电视机、音响、电脑、微波炉等重物。

4. 厨房物品

（1）固定所有的壁柜门，特别是高处的门，不要让孩子轻易打开。

（2）把电冰箱和其他家用电器靠墙固定。

5. 水管和燃气管

固定燃气器具。燃气器具的连接管线最好使用柔性（缩成波纹状的）材质制作。

6. 储存区域

（1）把易燃易爆等危险物品放到较低的安全位置。

（2）确保车库上方和两旁的储存物品不会掉下、损坏或阻挡车辆。

三、准备好应急所需的物品

每个家庭或个人都应当准备一个应急包，确保在地震发生时，无论身在何处，都能得到自己需要的供应品。

（1）饮用水。
（2）药品、处方单、医疗保险卡。
（3）手电筒以及备用电池和灯泡（您也可以买手动发电的手电筒）。
（4）使用电池的收音机及备用电池，或者手摇曲柄发电的收音机。
（5）哨子（用来告诉救助者您的位置）。
（6）罐头食品、刀叉、筷子、罐头起开器、其他烹饪和用餐器具。
（7）家中婴儿、老人或残障人员的供应品。
（8）保暖衣服、结实的鞋子、备用袜子、毯子以及一顶帐篷（如果有的话）。
（9）结实的塑料袋（用来装垃圾以及做防雨具）。
（10）工作手套和保护眼睛的护目镜。
（11）宠物食物和宠物系带。
（12）重要个人资料和财务文件。
（13）个人身份证。
（14）紧急联络电话号码表。
（15）小面额的急用现金。

备注：水、食物、药品和电池要经常检查，以防过期不能使用。

四、地震时，采取有效的避震方法

1. 如果您在室内

（1）地震发生时，要在结实的桌子下面（或旁边）藏身并抓牢，直到地震停止。

（2）躲开高的家具、悬挂的相框或镜子。

（3）如果您无法藏到桌子底下，则靠内墙蹲下，用双臂保护头和脖子。

（4）如果您在厨房烹饪，应在藏身之前关掉炉子。

（5）如果您在床上睡觉，应用枕头保护头部，藏到床边。

（6）如果您在高层建筑物中，应避开窗户，不要使用电梯。

（7）地震停止后，打开收音机了解情况。

2. 不要站在门口

门口不是避震的最安全地方。在现代房屋中，门口不比房屋的其他部分更加结实，站在门口可能会被落下的碎片击中。

3. 如果您在室外

（1）躲开外墙和窗户、砖石饰面。

（2）离开建筑物和电线，注意落下的碎片。

（3）如果您在海滨，应立即移到较高的地面，避免可能发生的海啸。

（4）如果您在野外，要注意地震引发的滑坡、泥石流，不可顺着滚石方向往下跑。

4. 如果您在开车

（1）不要在天桥下、桥梁上或隧道中停车。

（2）不要在电线杆、灯柱、树、招牌下面或附近停车。

（3）在路边停车，拉好手刹。

（4）留在车里，直到地震结束。

五、地震后，检查受伤情况和房屋的受损情况

地震停止后，要立即检查您的受伤情况和房屋的受损情况。

1. 检查受伤情况

（1）帮助别人之前，先检查自己是否严重受伤。保护您的口、鼻、眼，避免灰尘侵袭。

（2）如果有人出血，直接压住伤口。如果有条件，最好使用干净的纱布或布。

（3）如果有人停止呼吸，应立即实施人工呼吸。

（4）如果有人脉搏停止，可进行心脏循环复苏术。

（5）不要移动严重受伤的人，以免他们的伤情加重。

（6）用毯子或衣物覆盖受伤的人，让他们保暖。

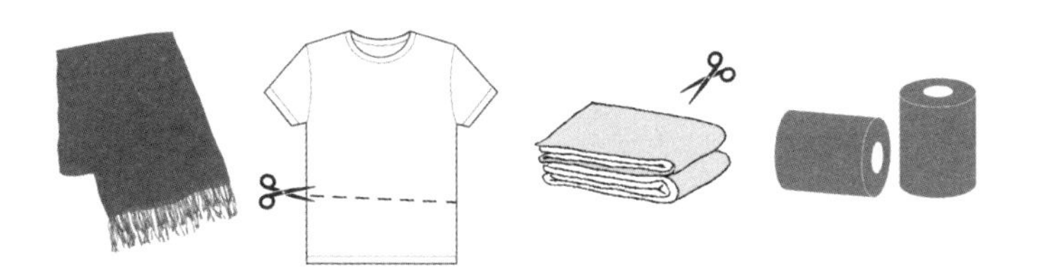

2. 检查房屋的受损情况

（1）火灾：如果火势可控，扑灭房屋的小火。如果是无法扑灭的大火，则应打电话求救。

（2）燃气泄漏：如果您看到管道破裂，闻到燃气味道，或者听到燃气泄漏的声音，则应关掉燃气阀门。

（3）电线被损坏：如果电线受到损坏，应关掉主闸，在修好之前不要打开电源开关。

（4）大电缆掉落：如果您看到街道上有电缆掉下来，一定要远离，千万不要接触街道上的电缆或者其他与电缆接触的物品。

（5）架子上的物品掉落：打开壁橱和食橱门时，要特别留意架子上的东西，因为它们随时可能掉下来。

（6）溅出物溅出：有液体溅出时，如果您不确定是否安全，一定要远离！

（7）损坏的砖石建筑：远离烟囱和墙壁，它们可能不稳定，会在大震之后的小余震中倒塌。

3. 应对策略

（1）如果您的房屋不安全，或者有发生火灾的危险，千万不要再居住。如果您撤离，告诉邻居和家人指定的联络人您去了哪里。

（2）携带家庭应急包去避难场所。如果条件允许，可携带一些全家福照片、使孩子镇静的书籍和玩具等。

六、安全最重要

地震停止后，一定要保证环境的安全和家人的生活需要。

1. 保证环境安全

（1）确定您的房屋是安全的，适合居住，不会在余震中倒塌。

（2）在点火或者使用可能引起火花的电机（电灯开关、发动机、链条锯子或机动车辆）之前，确定没有燃气泄漏。

（3）检查是否存在化学品溅出、电线断裂和水管破裂的情况。与断裂的电线相接触的水十分危险。

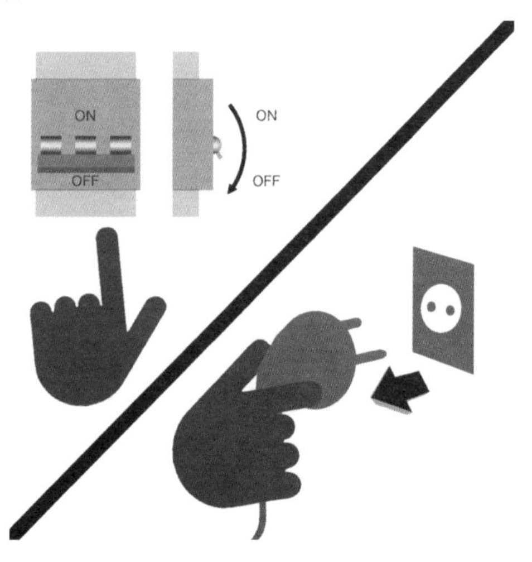

（4）拔掉散落在地的灯具或电器的电源插头，否则恢复供电时它们可能会引起火灾。

（5）在室内绝不能使用露营炉、煤油灯、煤气灯、加热器、木炭烤架或者燃气发电机，因为它们不仅会释放有毒的气体一氧化碳，还可能引起火灾。

2. 了解最新情况

（1）打开收音机，收听消息和安全通知。

（2）打电话给区域外的联络人，告诉他们您的情况。

3. 采取恢复行动

（1）检查您的食物和水的供应情况。①如果停电了，则应做好用餐计划，首先吃完电冰箱内的冷藏食物。如果您保持冷冻门关闭，则冷冻的食物在两天后吃也没有问题。②如果停水了，您可以喝热水器里的水、冰块融化后的水，或者吃罐头、蔬菜。避免饮用游泳池里的水，因为这种水可用于消防。

（2）检查您的电气设备是否损坏。

（3）立即与您的保险代理人或公司联络，着手准备索赔的相关事宜。

第三部分

地震时，您的孩子安全吗
——保障孩子安全的方法

一、孩子要掌握的避震原则
二、震后寻求救助的方法
三、对幼儿的心理安抚
四、地震科普小游戏

一、孩子要掌握的避震原则

通常在地震发生时，从人们感受到震动到剧烈震动，只有十几秒的时间。利用有限的时间，因地制宜地选择合适的方法避震，是十分重要的。

（1）地震时千万不要慌乱，一定要保持镇静，按照平时学到的知识紧急避震。

（2）震时就近躲避、震后迅速撤离到安全地方，是应急避震较好的方法。

（3）正确的避震姿势：趴下、蹲下或坐下，尽量使身体的重心降低，保护头部。

（4）选择有利的避震空间：选择室内结实、不易倾倒、能掩护身体的物体下或物体旁，开间小、有支撑的地方避震。

（5）保护身体的重要部位。①头颈部：低头，用手护住头部和后颈；有可能时，将身边的物品，如枕头、被褥等顶在头上。②眼睛：低头、闭眼，以防异物伤害眼睛。③口、鼻：有可能时，可用湿毛巾捂住口、鼻，以防吸入尘土、毒气。

（6）千万不能坐电梯逃生，更不能跳窗户。

二、震后寻求救助的方法

1. 不幸被困时，你要这样做

当你不幸被埋压时，一定要树立信心，采取科学的方法进行自救。

（1）扩大和保护空间。用砖、木等支撑残垣断壁，防止再坍塌；尽量挪开头部周围的杂物，保持呼吸畅通；闻到煤气、毒气时，用湿毛巾等捂住口、鼻。

（2）保存体力。不要盲目呼救、哭喊，要尽量减少体力消耗，控制自己的情绪，等待救援人员到来。

（3）寻求救援。当听到外面有人施救时，可采用敲击器物、吹哨子等方法积极主动地配合地面营救。

（4）节约饮食。在等待救援期间，要节约食物和水。

2. 安全脱险后，你要这样做

（1）要去地震避难场所或安全的地方避震。

（2）到救助站寻求帮助。

（3）不要回到危房里去，尽可能远离废墟。注意不要使用明火，以防引燃易爆气体。

（4）一定要注意个人卫生和环境卫生，不喝生水，不吃不洁或腐烂变质的食物。

三、对幼儿的心理安抚

地震发生后，对幼儿的心理伤害是最大的。那么，如何做好幼儿的心理安抚工作呢？

1. 地震后幼儿常出现的心理反应和生理反应

（1）恐惧、惊慌、悲痛、哭泣。
（2）情绪麻木、迟钝。
（3）疏远任何人。
（4）不愿与大人分开，不愿独处。
（5）特别胆小，害怕陌生人。
（6）容易发脾气。
（7）不相信亲人已经永远离开，认为他们还会再回来。
（8）觉得亲人死亡是因为自己不乖。
（9）吸吮手指、退缩。
（10）举动反常，例如，特别乖、特别顽皮、故作坚强。
（11）身体不适，例如，食欲差、呼吸困难、头痛、腹痛、全身无力。
（12）睡觉做噩梦、夜间突然哭闹、入睡困难。

2. 家长及亲友能提供给幼儿的具体心理支持方法

（1）多陪伴幼儿，入睡前陪他说话、给他讲故事。

（2）不要在幼儿面前流露出过分恐惧、焦虑的情绪。

（3）让幼儿与周围的孩子一起玩耍。

（4）陪幼儿读书、玩玩具。

（5）轻抚幼儿身体，拥抱、亲吻幼儿。

（6）回答幼儿提出的每一个问题。

四、地震科普小游戏

1. 搭建“抗震房”

（1）材料：长 50 厘米、宽 30 厘米的木板一块，儿童积木若干。

（2）游戏方法：

1）用积木在木板上搭建 3 个相同结构、不同高度的建筑物，使之位于不同位置。晃动木板模拟地震发生的情景，观察建筑物倒塌情况。逐步加大晃动的力度，模拟震级升高的情景，再次观察建筑物的损坏情况。

2）用积木在木板上搭建 3 个不同结构、相同高度或不同高度的建筑物，使之位于不同位置。晃动木板模拟地震发生的情景，观察建筑物的损坏情况。

（3）目的：通过这个小游戏，孩子可以在搭建房屋的过程中，思考什么结构的房屋是最稳固的、可以抵御地震的，从而懂得建造结实房屋的重要性。

2. 制作紧急联系卡

（1）材料：水彩笔若干支、A4 硬卡纸一张、剪刀一把、尺子一把。

（2）制作方法：

1）用尺子在硬卡纸上面画出长 8.5 厘米、宽 5.5 厘米的长方形，家长辅助孩子用剪刀把长方形剪下。

2）用水彩笔在剪下的硬卡纸背面画上自己喜欢的图案，如心中的家、我的梦想等主题的水彩画。

3）在剪下的硬卡纸正面绘制信息表格。信息内容包括孩子信息、父母信息和其他信息。其中，孩子信息包括孩子的姓名、性别、出生年月、血型、过敏史、其他需要说明的疾病等；父母信息包括父母姓名、联系电话、家庭住址；其他信息主要是全家人共同的联系人信息，一旦孩子与父母失去联系，可以和共同联系人进行联络，共同联系人最好是外地的亲朋好友。

（3）目的：通过制作紧急联系卡，培养孩子的动手能力，发挥孩子的想象力；引导孩子做出有个性的紧急联系卡，让孩子知道紧急联系卡的重要性，并随身携带。

3. 室内避震小演练

（1）演练环境：室内（客厅、卧室、厨房、卫生间等）。

（2）演练规则：

1）由家长向孩子讲解地震发生后的避震原则和自我保护方法，并告诉孩子室内比较安全的位置，让孩子牢记。

2）家长在孩子不注意的时候发出“地震了”的指令，根据孩子的反应和躲避地点是否符合要求给予孩子相应的奖励。

（3）目的：通过避震演练，让孩子真正掌握避震方法，使孩子能够在地震发生时不慌乱，有效保护自身安全。

第四部分

应急救援的黄金 72 小时
——地震应急救援常识

一、震后 72 小时——救援的黄金时间
二、延长生存时间的关键措施
三、震后的自救与互救
四、社区志愿者的救援行动
五、专业地震救援队伍怎样救援

一、震后 72 小时——救援的黄金时间

人被埋压在废墟中生命能够坚持的时间：没有氧气可坚持 5 ~ 7 分钟，没有水可坚持 5 ~ 7 天，没有食物可坚持 15 ~ 30 天。

人被埋压时一般都会受外伤，身体出现创口，可导致破伤风、气性坏疽等的病菌就会乘虚而入，这些病菌往往会在侵入人体三天后发作，造成创口感染，极易致人死亡。

人被埋压后身体会受到不同程度的挤压，四肢、臀部等肌肉丰满的地方容易出现组织坏死，导致“挤压综合征”，严重威胁生命。因此，国际上通常将 72 小时作为灾害中被埋压人员生命的临界点。

有关统计资料显示，日本阪神大地震发生后的第一天，瓦砾下的幸存者的存活率约为 74%，第二天的存活率约为 26%，第三天的存活率约为 20%，第四天的存活率仅约为 6%。

以上数据说明，时间就是生命，救援的时间越早，幸存者生存的希望就越大，前三天的救援对于减少伤亡尤为重要。因此，震后 72 小时被称为救援的黄金时间。

二、延长生存时间的关键措施

（1）通风最重要。人类生存离不开氧气，要想在地下存活超过 72 小时，必须使空间通风。因此，人在被埋压后首先要找到可使空气进入的缝隙，并采取抠、挖等方式尽量使缝隙扩大。

（2）水和食物是生命之源。人被埋压后利用自己的尿液代替水来维持生命是较好的办法。因为在人的尿液中，96% 的成分是水，可以用来给身体补充水分和盐分，维持生命。在可能的情况下，尽量寻找食物和水。

（3）懂得自救、保存体力和树立信心是创造奇迹的重要条件。在地震中受伤，不要被动等待。如果还能活动，可以先给创口止血；如果出现骨折，用腰带、衬衣等进行简单固定；听到有人经过时呼救，或者用砖块等物体敲击管道、墙体以引起救援人员的注意；要保持足够的信心，相信自己一定能够得救。

三、震后的自救与互救

1. 自救

（1）树立信心。如果地震时不幸被埋压，一定要树立生存信心，沉着冷静。

（2）改善环境。如果可能，要首先挪开头部周围的杂物，保持呼吸顺畅，闻到煤气、毒气时，用湿毛巾等捂住口、鼻。

（3）扩大和保护生存空间。用砖、木等支撑残垣断壁，以防余震发生后环境进一步恶化。

（4）保存体力。如果不得已需要留在原地等待救援时，不可哭喊、急躁和盲目行动。要尽量减少体力消耗，尽可能地控制好自己的情绪，可以闭目休息，等待救援人员的到来。

（5）寻求救援。当听到外面有人施救时，利用一切办法（如敲击器物、吹哨子等）与外面的救援人员进行联系，积极主动地配合地面营救。

（6）自我包扎。如果受伤，要用简易的办法包扎好伤口，以免失血过多，造成昏迷。

（7）节约饮食。在等待救援期间，要节约食物和水。

2. 互救

互救是指震后灾区已经脱险的人员、家庭和邻里之间的相互救助。

（1）救人的基本原则：先易后难，先轻后重，先近后远，先壮后弱，先密后疏。其目的是加快救人速度，尽快扩大救援队伍，以免错失救人良机，造成不应有的损失。

（2）互救的方法：

1）定位法。采用喊话、敲击等方法判定幸存者的确切位置，也可向家属或邻居询问情况。

2）扒挖法。接近被埋压人时，注意分清支撑物与一般埋压物，不要用利器刨挖，以免对被救人员造成新的伤害。

3）施救法。首先要使被埋压者头部暴露出来，清除口、鼻内的尘土，保证幸存者呼吸顺畅。在抬救过程中不可强拉硬拖，避免被救者身体再次受到损伤。

4）护理法。对受伤者进行特殊应急护理时，最好蒙上他们的眼睛，使其免受强光的刺激；不可让他们突然接受大量新鲜空气；不可让他们一次进食过多；避免被救人员情绪过于激动。

5）标志法。对一时难以救出的受伤者，可在保证通风（通气）的前提下，做好标志，等待专业救援人员前来救治。

需要特别强调的是，救人时要注意安全，不仅要注意被救人员的安全，而且要注意施救者的安全，还要预防余震带来的危险。

小贴士

救护脊椎受伤人员应注意的事项

（1）在挖掘伤员时，只要伤员的颈、脊椎、腰剧痛，均可按脊椎伤员处理。

（2）在挖掘伤员时，绝不可用力牵拉未完整露出者的上肢或下肢，以免加重骨折错位。

（3）在搬运伤员时，需要避免伤员脊柱的弯曲或扭转，尽量用硬板担架搬运，最好将伤员固定，绝对禁止一人抬肩、一人抬腿的错误搬运方法。

四、社区志愿者的救援行动

社区志愿者是社区地震应急的骨干力量，一旦发生灾害性地震，社区志愿者队伍应立即集结到位或者开展行动，投入地震应急与救援工作中。

1. 收集并报告震后情况

震后收集并报告震情与灾情，了解是否有房屋倒塌，是否有其他地面设施和物品遭到破坏；了解自己负责的区域内房屋受损情况和人员受灾情况；将观察和了解到的情况向社区报告。

2. 迅速开展救援工作

按照地震应急预案的规定，迅速到指定地点集合，分工、分片地开展搜索、营救、急救等救援行动。当所处建筑物及附近建筑物倒塌时，队员可首先进行家庭自救，就近参加邻里互救，参与和指导群众自救、互救。

3. 搜索、营救方法

（1）紧急搜索。对倒塌或严重破坏的建（构）筑物，应重点搜索下列部位：门口、过道、墙角、家具下，楼梯下的空间，地下室和地窖，没有完全倒塌的楼板下的空间，关着且未被破坏的房门口，由家具或重型机械、预制构件支撑形成的空间。

（2）挖掘营救。首先，用简单工具清除埋压物，营救埋压在废墟表层的幸存者；然后，如有可能，可采用顶升、剪切、挖掘等方式，构建通道和生存空间，继续营救幸存者；最后，对暂时无力救出的幸存者，保证废墟下的空间通风，递送水和食品，寻求帮助后再行营救。

（3）急救处理。营救出幸存者后，应先由具有一定医疗救护技能的志愿者，根据幸存者的伤势和现场条件，及时进行人工心肺复苏、止血、包扎、固定等急救处理，然后送往医院或者医疗救助点。

搜索被埋压者可采取的方法

（1）喊：通过喊被埋压者的名字，或问废墟中是否有人，发出救援信号。

（2）听：听被埋压者发出的信号，包括呼救声、呻吟声、敲打声、口哨声等。

（3）看：看被埋压者的活动痕迹、血迹。

（4）询问：向家属、同事、邻居等知情者了解被埋压者的情况和位置。

（5）判断：根据地震发生时间、地区、房屋结构等判断可能的被埋压者及其所在位置。

五、专业地震救援队伍怎样救援

专业地震救援队伍是为了应对地震灾害或其他突发性事件，实施紧急搜索与营救被压、被埋、被困人员而组建的专业化队伍。大地震发生后，建（构）筑物倒塌造成人员受困或被埋压，通过自救和互救，许多受困、被埋压的人员获救，但对于那些无专业设备就难以救出的被埋压人员，则必须依靠专业地震救援队伍的救援。

目前，我国的专业地震救援队伍包括1支国家地震灾害紧急救援队伍和由31个省（区、市）组建的60支省级救援队伍（包括专门的地震灾害紧急救援队伍和综合紧急救援队伍），一些市县也组建了地震灾害紧急救援队伍或多灾种综合救援队伍。

1. 五个步骤展开救援

（1）评估救援区域。评估区域内存在幸存者的可能性、结构稳定性与水电气设施状况，并对现场进行安全处置。例如，关闭水、电、燃气等设施阀门以确保安全。

（2）封锁并控制现场。划定警戒区域，转移现场的居民，疏散围观民众，劝阻盲目救助行为，派出警戒人员，对现场进行管控。

（3）搜索。通过询问、调查等方法了解现场基本情况。用人工搜索、搜索犬搜索、仪器搜索等方法搜寻并探察所有空隙和坍塌建筑物中的空穴，查找可能的幸存者，并确定幸存者的准确位置。

（4）营救。使用专用顶升、扩张、剪切、钻孔、挖掘等方法，移除建筑物塌落的碎块，开辟通道，抵达幸存者所在位置，施行营救。

（5）医疗救护。对幸存者进行心理安慰，包扎、固定伤口后，迅速转移。专业的地震救援讲究静、轻、慢、稳，将被救人员的安全护理和医疗救护贯穿于科学救援的全过程，最大限度地使受困人员获救并确保其健康安全，同时有效地保证救援队员的安全。

2. 划分区域

在地震现场救援过程中，为了便于工作，专业地震救援队伍一般把场地划分为以下区域。

（1）出入道路：用来保证人员、工具、装备及其他后勤需求的顺利出入。另外，对出入口进行有效控制，以保证幸存者或受伤的搜救人员能够迅速撤离。

（2）医疗援助区：医疗小组进行手术以及提供其他医疗服务的地方。

（3）装备集散区：安全储存、维修及发放工具及装备的地方。

（4）人员集散区：暂时没有任务的搜救人员可以在这里休息、进食，一旦前方发生险情，这里的预备人员可以马上替换或者增援。

（5）紧急集合区域：搜救人员紧急撤退时的集结地。

专业地震救援队伍在救援时需要现场群众的积极配合，现场群众可提供被埋压人员的数量和埋压位置等情况，但不可干扰救援工作，以免延误救援时间。

要积极维护救援队伍划分出的工作区域，主动遵守秩序，为救援队伍顺利开展救援工作提供保障。

第五部分

地震后你要了解的知识
——震后防灾与救助常识

一、谨防余震的伤害
二、警惕次生灾害的袭击
三、露宿的注意事项
四、个人卫生与环境卫生
五、摆脱震后心理阴影
六、科学的施救方法

一、谨防余震的伤害

余震一般在地球内部发生主震的同一地方发生，其强度一般都比主震小，会持续较长时间。余震发生时会使房屋再次震动，甚至出现倒塌或坠物，同样会给人类的生命造成威胁。因此，大地震过后一定要防范余震的伤害，具体方法如下。

（1）撤离后不要轻易回到室内。

（2）一定要远离已经出现问题（如墙体出现裂痕、整体出现倾斜等）的房子。

（3）尽可能远离废墟，那里可能有碎玻璃、钉子等，很容易使人受伤。

（4）无事不要到处逛，因为震后的环境恶劣，爆炸、毒气泄漏、水灾、火灾等随时都有可能发生。

（5）临时生活区一定要安置在空旷地，如广场、学校操场等地。

自行脱险后，你要怎样做

（1）前往附近的避难场所、临时救助站、广场。

（2）救援队伍未到之前，组织和参加自救互救队伍，及时抢救他人生命。

（3）及时收听广播，了解最新的震情信息。

二、警惕次生灾害的袭击

地震除了对人类产生直接伤害，其引发的次生灾害所造成的损失更重大，主要有火灾、水灾、毒气污染、细菌污染、放射性污染、地震滑坡、地震滚石、地震泥石流、地震海啸等。

1. 火灾

强烈的震动会造成炉具倒塌、电气设施损坏、化学制剂发生化学反应、易燃易爆物质的爆炸和燃烧、烟囱损坏等，继而引发火灾。在防震棚内使用明火也十分容易发生火灾，一定要注意防范。

避险方法：如有可能要设法隔断火源，用湿毛巾捂住口、鼻，降低身体重心，迅速转移。

2. 水灾

地震引起的震动会使水库大坝遭到破坏而引起水灾。

避险方法：离开桥面，远离岸边，向高处转移。

3. 毒气污染、细菌污染和放射性污染

毒气污染、细菌污染和放射性污染都是城市潜在的次生灾害，由生产车间遭到破坏、储存容器损坏、生产或使用时的失控造成。一般局限于生产、储存及使用这些物质的部门，涉及面较小。

避险方法：及时关闭总阀门；不要使用明火或开启电器，避免发生爆炸；用湿毛巾捂住口、鼻，逆风逃离。

4. 地震滑坡、地震滚石、地震泥石流

受地震影响，在震动的作用下，暴露在斜坡外面的土体或岩体，沿着一定的软弱面或软弱带，整体地或者分散地顺坡向下滑动的现象称为地震滑坡。地震诱发的砾石或岩块顺坡自由滚动下落的现象称为地震滚石。地震诱发的水、泥、石块混合物流动的现象称为地震泥石流。

避险方法：要沿着与滑坡体相垂直的方向跑，切不可顺着滑坡方向往山下跑；滑坡体上的人应尽快跑出，到安全地段避险；可躲在结实的障碍物下，或蹲在地沟、坎下；特别注意要保护好头部。

5. 地震海啸

地震海啸一般由 6.5 级以上、震源深度在海底 50 千米以内的地震引起。在海边居住的人和到海边旅游的游客一定要警惕。

避险方法：当看到海水突然退潮，而且退得很远时，很有可能要发生海啸了，要尽快向远离海岸线的高处转移。

三、露宿的注意事项

地震发生后，许多房屋会倒塌或成为危房，不能居住，这时只能选择露宿。但一定要充分利用身边的有效资源保护自身的健康和安全，以免受到伤害。露宿时应注意以下事项。

（1）要选择干燥、避风、地势高且较平坦的地方露宿，避开高大建（构）筑物和高压线。

（2）在山坡上露宿应选择东南坡，既可避风又可最早见到阳光。

（3）在地上睡觉要注意防潮、防寒，避免由于凉风的侵袭而引发风湿、关节炎等疾病。

（4）防止被蚊虫叮咬，引起传染疾病。如有伤口，要及时消毒、包扎，避免感染。

（5）搭建简易防震棚时，应注意不要妨碍交通，要注意防火，冬天要严防煤气中毒。

四、个人卫生与环境卫生

震后由于大量房屋倒塌，造成下水道堵塞、垃圾遍地、污水流溢，再加上禽畜尸体腐烂变臭，极易导致一些传染病的发生和蔓延，历史上就有“大灾后必有大疫”的说法。因此，震后搞好卫生防疫非常重要。

1. 预防传染病的发生

注意个人卫生，不要随便喝生水（水可能已被污染）；不吃不洁或腐烂变质的食物；按要求接种预防针，以防各种传染病的发生和蔓延。

2. 防止食物中毒

救灾食品、挖掘出的食品应确认合格后再食用；做好餐具消毒工作；尽量食用煮熟的食物，不吃死亡的禽畜；不用脏水冲洗蔬菜、水果等。

3. 严管厕所和垃圾

有计划地修建简易厕所，不要随地便溺；不可将医疗垃圾和生活垃圾随便丢弃，要将垃圾堆放在固定地点，并组织人员按时清淘，运到指定地点统一处理。

4. 保护好饮用水源

水井要清淘和消毒，最好设置专人管理。饮水时，要先进行净化、消毒；要创造条件喝开水。

5. 保持良好的生活习惯

在抗震救灾期间，每个人都应加强身体锻炼，注意防寒保暖，预防气管炎、流行性感冒等呼吸道传染病。老人和儿童要特别注意预防肺炎；冬季应注意头部和手、脚的保暖，预防冻疮。

小贴士 净化和消毒饮用水

地震后对饮用水进行净化和消毒一般采取浑水澄清法和饮水消毒法。

（1）浑水澄清法。用明矾、硫酸铝、硫酸铁或聚合氯化铝作混凝剂，取适量加入浑水中，用棍棒搅动，待出现絮状物后静置沉淀，水即澄清。没有上述混凝剂时，可就地取材，把仙人掌、仙人球、量天尺、木芙蓉、锦葵、马齿苋、刺蓬、榆树、木棉树皮捣烂加入浑水中，也有助凝作用。

（2）饮水消毒法。煮沸消毒，效果可靠，方法简便易行。也可用漂白粉等卤素制剂为饮用水消毒。按水的污染程度，每升水加 1 ~ 3 毫克氯，15 ~ 30 分钟后即可饮用。为验证氯素消毒效果，加氯 30 分钟后应做水中剩余氯测定，一般每升水中还剩有 0.3 毫克氯时，才能认为消毒效果可靠。个人饮水每升加净水锭两片或 2% 碘酒 5 滴，振摇 2 分钟，放置 10 分钟即可饮用。

五、摆脱震后心理阴影

1. 心理互助

（1）在确认幸存者处于安全状态的前提下，向他传达“你已经安全”的信息。

（2）要肯定幸存者的反应是正常的反应。

（3）鼓励幸存者表达或宣泄自己的情感，但不要强求。

（4）要保护好自我的身心健康，不要因为对生还者及其创伤的同情，而使自己出现严重的身心困扰，甚至造成间接性的心理创伤。应及时进行自我调适，必要时寻求专业人士的帮助。

2. 自我调节

（1）寻求安全的避震场所，接受救助。

（2）少接触道听途说，少接触刺激的信息。

（3）过度紧张、担心或失眠时，可向救援医生求助，尽快使自己安定下来。

（4）在面对很多复杂沉痛的情绪及困难时，要先从最重要、较容易完成的部分着手解决，不要试图一次解决所有困难。

（5）多与人交流，不要孤立自己，不要隐藏感情，试着把情绪释放出来，让别人有机会了解自己，一同分担悲痛，降低紧张程度。

（6）多和家人、朋友、亲戚、邻居、同事或救援人员保持联系，方便的时候和他们谈谈你的感受。

（7）尽量休息，在安全场所保证充足的睡眠，尽快自我恢复。

3. 安慰伤者

灾难发生后，面对身心受到伤害的人们，我们该如何去做呢？在努力去理解和感受灾难幸存者的基础上，我们该如何去安慰他们呢？

（1）要说的话：

1）对于你所经历的痛苦和危险，我感到很难过。

2）你现在安全了（如果这个人确实是安全的）。

3）这不是你的错。

4）你的反应是遇到不寻常事件时的正常反应。

5）你有这样的感觉是很正常的，每个有类似经历的人都可能会有这种反应。

6）看到 / 听到 / 感受到这些一定很令人难过 / 痛苦。

7）你现在的反应是正常的，你不是发疯了。

8）事情不会总是这样的，它会好起来的，而你也会好起来的。

9）你现在不应该去克制自己的情感，哭泣、愤怒、憎恨等都可以，你要表达出来。

（2）不要说的话：

1）我知道你的感觉是什么。

2）你能活下来就是幸运的了。

3）你能抢出些东西算是幸运的了。

4）你是幸运的，你还有孩子 / 亲属等。

5）你还年轻，能够继续你的生活 / 能够再找到另一个人。

6）你爱的人在死的时候并没有受太多苦。

7）她 / 他现在去了一个更好的地方 / 更快乐了。

8）在悲剧之外会有好事发生的。

9）你会走出来的。

10）不会有事的，所有的事都不会有问题的。

11）你不应该有这种感觉。

12）时间会治疗一切的创伤。

13）你应该将你的生活继续过下去。

六、科学的施救方法

1. 生命的“黄金时间”

一旦人的呼吸心跳停止，30 秒后昏迷，6 分钟后脑细胞死亡。因此，现场急救时，等待急救人员到来的几分钟最为关键。

2. 生命迹象的简单判定

被救者为成人、儿童时触摸颈动脉；被救者为婴儿时触摸肱动脉。

3. 意识丧失的处理方法

意识丧失即为危险状态，必须立即呼救，寻求他人帮助；拨打急救电话，明示他人进行紧急抢救。

4. 心脏复苏方法

心脏复苏共八个步骤：①判断意识；②呼救；③摆成仰卧位；④打开气道；⑤检查呼吸；⑥口对口吹气；⑦检查脉搏；⑧心脏按压。

5. 创伤现场急救技术

创伤现场急救四大技术：止血、包扎、固定、搬运。

（1）止血。止血方法有四种，分别是指压（压迫）止血法、加压包扎止血法、填塞止血法、止血带止血法。

（2）包扎。使用的材料有绷带、三角巾，也可就地取材。包扎要求轻、快、准、牢，先盖后包（干净敷料），不可过紧，不可在伤口上打结或暴露肢端。

（3）固定。固定的目的是避免进一步损伤、减轻疼痛和便于搬运。可以使用夹板、书本或树枝等进行固定。

（4）搬运。

1）扶行法：适用于那些没有骨折、伤势不重、能自己行走、神志清醒的伤病员。如有脊柱或大腿骨折禁用此法。

2）背负法：适用于老幼、体轻、神志清醒的伤病员。如有上、下肢及脊柱骨折禁用此法。

3）爬行法：适用于狭窄空间或浓烟的环境。

4）抱持法：适用于年幼或体轻、无骨折且伤势不重的伤病员。

5）轿杠式：适用于神志清醒的伤病员。

6）双人拉车式：适用于意识不清的伤病员。

7）三人或四人异侧运送：适用于平托法搬运，主要用于有脊柱骨折的伤病员。

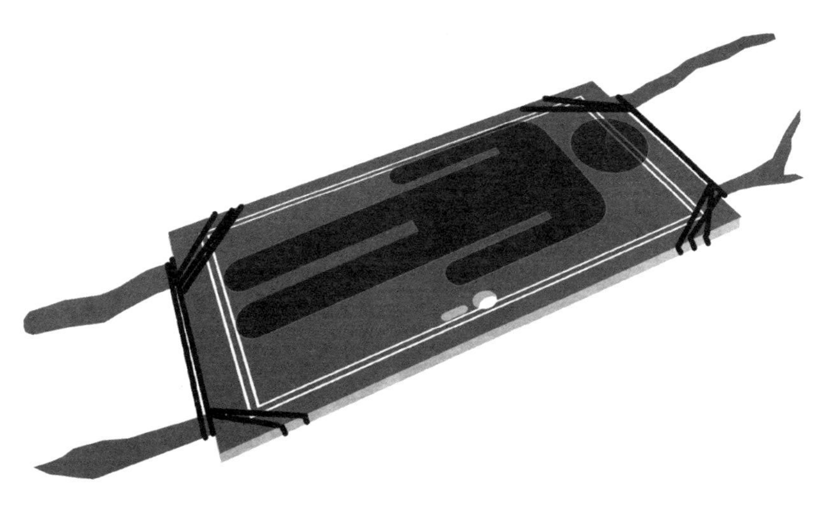

▲可用上衣、被单、绳索、门板与木棍组合等方式做成简易担架进行搬运

第六部分

我的社区最安全
——打造地震安全社区

一、什么是社区
二、安全社区的标准
三、地震安全示范社区要具备的条件
四、社区居民应该做的事
五、发达国家的安全社区

一、什么是社区

社区是在一定地域范围内，按照一定规范和制度结合而成，具有一定共同经济利益和心理因素的社会群体和社会组织。它是一个包括人口、地域及各种社会关系的具体的、有限的地域社会共同体，是社会的基本构成单位。

构成社区要具备五个要素：一定数量的人口、一定范围的地域、一定规模的设施、一定特征的文化、一定类型的组织。

社区按照结构功能可分为农村社区和城市社区。

城市社区又可分为以下四种情况：一是市辖区；二是街道办事处辖区；三是小于街道办事处、大于居民委员会辖区建立的区域功能社区；四是规模调整后的居民委员会辖区。目前，我们所说的城市社区是指后面两种情况。

二、安全社区的标准

安全社区可以理解为已建立一套组织结构和程序，社区政府及有关部门、企业、志愿者组织和个人共同参与预防危险和促进安全工作，持续改进实现安全目标的社区。实现安全目标需要个人、组织结构和社区共同努力开展安全促进活动，并在全社会的各个层面开展工作，包括国际、国家、部门、地方政府。世界卫生组织（WHO）认可的安全社区六大标准如下。

（1）须成立一个负责预防事故与伤患发生的跨部门、跨领域的组织，以友好合作的方式履行社区安全推广事宜。

（2）须有长期目标，并持续地执行各项安全社区推广项目，这些项目还应当针对不同的年龄、性别、环境及条件来设计、推行。

（3）须有针对高风险人事、高风险环境及弱势群体的安全与健康问题的特别方案。

（4）须建立事故与灾害发生频率和成因的信息制度。

（5）须设立评价办法来评估项目推广的过程和成效。

（6）须积极参与本地及国际安全社区网络的经验交流。

《安全社区宣言》

目前，国际上公认的一个概念是“安全社区”。安全社区概念的首次提出是在1989年世界卫生组织第一届事故与伤害预防大会上，这次大会通过了《安全社区宣言》，提出任何人都享有健康和安全之权利。

三、地震安全示范社区要具备的条件

地震安全示范社区是指在开展防震减灾宣传教育、抗震设防、地震应急准备以及地震群测群防等工作方面，表现较突出的社区或具有一定规模的小区。地震安全示范社区要具备的条件如下。

（1）有健全的工作计划、制度、机构，工作档案管理规范。

（2）有工作经费支持和相应的条件保障。

（3）社区建筑物达到抗震设防要求。

（4）对可能因地震引发次生灾害的危险源定期排查并进行风险评估。

（5）建立防震减灾宣传教育队伍，经常开展防震减灾宣传教育活动。

（6）具备开展防震减灾宣传教育活动的场所和设施。

（7）社区地震应急预案完备，并及时修订。

（8）定期开展防震避震应急演练。

（9）具有地震应急避难场所或疏散场地，储备一定数量的地震应急装备和应急物资。

（10）建立社区与公安、医疗机构的应急救助联动机制。

（11）建立地震应急救援志愿者队伍并开展培训。

社区“12345”防震减灾工作法

四川省德阳市旌阳区城南街道花园巷社区独创了“12345”防震减灾工作法，即以建立一套健全的班子（社区防震减灾科普领导小组），落实两个保障（经费保障、人员保障），建立三个阵地（科普画廊、多功能教室、科普图书室），组建四支队伍（防震减灾应急救援队、社区科普电影队、科普志愿队、科普艺术团），健全五个制度（学习制度、宣传制度、检查制度、汇报制度和更新内容制度）为主要内容的防震减灾工作方法。路径清晰，做法科学，成效显著。

四、社区居民应该做的事

住在社区的每一位居民都应该具备防震减灾的意识，积极维护社区的公共环境卫生，爱护社区一切公共设施和设备。因为这些都和每一位居民的自身安全息息相关，是面对地震灾害时的安全保障。

（1）参加防震减灾知识宣传和培训。做好地震前的准备，掌握地震发生时的逃生和避震知识，学会地震后的自救互救方法，并向更多的人宣传防震减灾知识。

（2）熟悉社区应急预案并主动参加演练。对社区的应急预案非常了解，配合社区管理部门的工作，积极响应和参加应急避震演练活动。

（3）根据自己的特长和组织部门的需要，主动加入地震应急志愿者队伍，仔细填写自己的姓名、性别、年龄、职业、特长及所具备的能力，以便需要时能够有针对性地参与救援工作。

（4）保护好社区的防震减灾设施。

五、发达国家的安全社区

1. 美国——建设建筑物抗震社区

“建设建筑物抗震社区”计划，侧重于建筑物的抗震设防，就是在美国的地震危险区内，高质量地把社区建筑物建好，要让地震危险区内的住房和建筑物达到抗御大地震的能力。

美国是一个多地震的国家。1970 年，正式实施《灾害救济法》；1977 年，通过了独立的地震法规——《地震灾害减轻法》。2001 年“9・11 事件”后，美国建立了“防灾型社区”。

（1）防灾型社区是长期以社区为基础进行防灾减灾的单位。在灾害发生前，预先制定预防灾害的方法和措施，以降低社区受灾的可能性。

（2）“防灾型社区”的六个要求：①让灾害所造成的伤亡降至最低；②公共部门可顺利协助社区救援；③社区本身也可在无公共部门协助的情况下，独立进行灾害应急管理；④社区能够依据灾前形式进行修复，或参照灾前所共同

规划的模式进行重建；⑤社区经济能力可迅速恢复；⑥如连续遭受严重灾害，社区能够总结经验，不重蹈覆辙。

2. 日本——建设地震安全社区

日本地震频繁，地震灾害严重，曾多次遭受强烈地震的侵袭，造成了巨大的人员伤亡和经济损失。为此，日本总结了防震减灾的经验和教训，根据自身的具体情况，提出了防御和减轻地震灾害的方针和政策，把防震重点落在社区，提出“建设地震安全社区”的口号。

建设地震安全社区不仅要求社区建筑物达到抗震设防要求，还要求整个社区对地震灾害的综合抵御能力是全面的、具体的，包括震前对策、应急救助、灾后重建等内容。在日本，民众会在大街小巷贴满“从现在起，随时可能发生强烈地震”的广告；在社区周围设定疏散区，用路标明确指引，以提高人们对地震的警惕性；每年的9月1日，日本首相会亲自率领文武官员进行消防和防震演习。采取这些措施的目的只有一个，那就是不断增强社会民众和政府领导者的防震减灾意识。

3. 新西兰——建设有备无患的社区

位于太平洋西南部的岛国新西兰，也是一个多地震国家，自1840年以来，共发生17次7.0级以上的强烈地震。为此，新西兰政府在1992年批准实施了“新西兰国家民防计划”。其主要目标是防止或最大限度地减轻人员伤亡，为由各种原因所引起的灾害的受害者提供救济。

1999年，新西兰的地震学家在详细研究地震构造和地震活动特点的基础上，向政府提出了一项长期预报意见：在未来20年内，新西兰的首都惠灵顿地区发生7.0级以上大地震的概率高达90%。为此，新西兰政府在“新西兰国家民防计划”的基础上，提出了“建设有备无患的社区”的目标。其具体措施如下。

（1）进一步加强紧急事务管理，提出迅速建立紧急事务管理部门，应对突发性地震等紧急事件。

（2）加强新西兰，特别是惠灵顿地区的地震监测预报工作，开始统一管理原先属于不同单位（大学、研究机构和气象局）的地震观测台网和观测数据。

（3）1999年7月，时任新西兰民防部部长的约翰·诺顿先生亲自率领防震减灾考察团，到我国福建省闽南地区防震减灾示范社区考察，并参照示范社区的做法，在原有民防计划的基础上，修订了应急预案，加强了地震应急的相关章节，明确了地震时政府、应急组织和个人的相关职责。

（4）采取有效的工作措施，提高建筑物的抗震能力。对现有住房进行加固，公共建筑物由政府负责加固，私人建筑物或住房的加固由业主负责。规定对不符合抗震要求的建筑物，在大众媒体上进行披露，并由政府给予严厉的惩罚。

（5）政府各部门要有应急预案并采取应急准备。市民要了解地震灾害的特点，懂得地震来之前应做什么准备，地震来了应该怎么办。市民在平常要准备好3天的食物和水（因为地震发生后的前3天，政府恐怕很难顾及所有市民的紧急救助，3天之后，政府才比较有把握帮助受灾的民众）。

（6）对市民大力开展防震减灾知识宣传，强制地震保险，提出“我们必须学会与地震共存”的口号，并制成4种语言的宣传小册子，免费发放给市民，要求做到人尽皆知。

第七部分

让你的房子更结实
——房屋抗震小常识

一、地震为什么会造成房屋的破坏
二、怎样建造房屋才抗震
三、新建房屋要遵守的原则
四、房屋的加固与维修
五、不利于抗震的房屋环境
六、城市建设中应采取的防震措施

一、地震为什么会造成房屋的破坏

据统计，在世界上130次巨大的地震灾害中，90%～95%的伤亡是由建（构）筑物倒塌造成的。因此，居民住房、单位办公楼、学校校舍、工厂厂房，乃至水、电、气、通信等生命线工程能否抗御大地震，是地震灾害损失大小的关键所在。

那么，地震为什么会造成房屋的破坏呢？

地震时，造成房屋破坏的“元凶”是地震力。什么是地震力？简单地说，这是一种惯性力，行驶的汽车紧急刹车时，车上的人会向前倾倒，就是惯性力的作用。地震时，地震波引起地面震动产生的地震力作用于建筑物，如果房屋经受不住地震力的作用，轻者损坏，重者就会倒塌。地震越强，房屋所受到的地震力越大，破坏就越严重。

二、怎样建造房屋才抗震

1. 影响震时房屋破坏程度的因素

首先与地震本身有关，震级越大、震中距越小、震源深度越浅，破坏越严重；其次与房屋的质量有关，包括房屋结构是否合理，施工质量是否到位等；再次与建筑物所在地的场地条件有关，包括场地土质的坚硬程度、覆盖层的深度等；最后，局部地形对震时房屋破坏程度的影响也很大。

2. 选择安全的建筑场地

建筑场地要选择平坦开阔的地形；地基宜选在坚硬的岩层上或密实的黏土层上；尽量避开古河道、古湖泊等容易产生砂土液化的地带；基础宜深不宜浅，沉箱和整体性地下室基础最好。

3. 提高建筑物的抗震性能

建筑物的抗震性能是指建筑物抵御地震破坏的综合能力。为提高建筑物的抗震性能，可以从以下4个方面着手。

（1）地基必须选好。土质坚实，地下水埋深较深，地震时地基不致开裂、塌陷或液化。在不宜建设的地基上建筑房屋，必须首先做好地基处理。

（2）建筑物结构必须符合要求。建筑物平面、立面要力求整齐，高度不要超过规定的高度，避免过于空旷，尽可能使开间小、隔墙多，以增加水平抗剪能力。如有特殊要求，必须事先采取措施。

（3）建筑材料必须达到抗震标准。要有足够的强度，联结部位或薄弱环节要加强。

（4）保证施工质量。在增加建筑物整体性能的同时，必须保证施工质量。

三、新建房屋要遵守的原则

（1）房屋平面布置要力求与主轴对称，并尽可能简单。

（2）房屋重心要低，屋顶用轻质材料，尽量不做或少做那些既笨重又不稳定的装饰性附属物，如女儿墙、高门脸等。

（3）房屋的高度和平面尺寸要有所限制，房屋之间应适当留建防震缝。

（4）房屋结构要力求匀称，构件要连成整体，要采取措施加强连接点的强度和韧性。

（5）墙体在交接处要咬合砌筑，承重墙上最好设置圈梁，并在横墙上拉通。横墙应密些，尽量少开洞，屋顶与墙体应连成整体，预制板在墙或梁上要有足够的支撑长度。

（6）建筑材料要力求比重轻、强度大，并富有韧性。

（7）提高施工质量，认真按操作规程办事，土坯砖块要错缝咬砌，灰浆要饱满。

有法必依

《中华人民共和国防震减灾法》明确规定，建设工程必须按照抗震设防要求和抗震设计规范进行抗震设计，并按照抗震设计进行施工。

四、房屋的加固与维修

1. 已建房屋的加固

（1）墙体的加固：墙体有两种，一种是承重墙，另一种是非承重墙。加固的方法有拆砖补缝、钢筋拉固、附墙加固等。

（2）楼房和房屋顶盖的加固：一般采用水泥砂浆重新填实、配筋加厚等方法进行加固。

（3）建筑物突出部位的加固（如烟囱、女儿墙、出屋顶的水箱间、楼梯间等部位）：可设置竖向拉条，拆除不必要的附属物。

2. 老旧房屋的维修

为了抗御地震的突然袭击，对老旧房屋要注意经常维修保养。

（1）墙体如有裂缝或歪闪，要及时修理。

（2）易风化酥碱的土墙，要定期抹面。

（3）屋顶漏水应迅速修补；大雨过后要马上排出房屋周围积水，以免长期浸泡墙基。

（4）木梁和柱等要预防腐朽和虫蛀，如有损坏应及时检修。

下水道坏了要及时修复

下水道损坏，大量的水长期渗透在部分地基上，会使地基强度降低，产生不均匀沉降，致使房屋产生裂缝，从而降低房屋抗震性能。为提高地基抗震强度，应及时维修房屋周围漏水的管道。

五、不利于抗震的房屋环境

1. 城镇

（1）高大建（构）筑物或其他高悬物下：高楼、高烟囱、水塔、高大广告牌等，震时容易倒塌，威胁房屋安全。

（2）高压线、变压器等危险物下：震时电器短路等容易起火，常危及住房和人身安全。

（3）危险品生产地或仓库附近：如果震时工厂受损，容易引起毒气泄漏、燃气爆炸等事故，会危及住房。

2. 农村和山区

（1）陡峭的山崖下，不稳定的山坡上：地震时易造成山崩、滑坡等，可危及住房。

（2）不安全的冲沟口：地震时易发生泥石流。

（3）堤岸不稳定的河边或湖边：地震时岸坡崩塌，可危及住房。

如果住房环境不利于抗震，就应当更加重视住房加固，必要时，应撤离或搬迁。

需要进行抗震设防的重大工程

铁路、公路，桥梁、机场，电站、通信枢纽、广播电视设备，医院，供水、供气、供热设施等对社会有重大价值或重大影响的工程，应进行抗震设防。

六、城市建设中应采取的防震措施

在城市建设工作中，震害防御是一项与总体规划同步，甚至要超前进行的重要工作。城市抗震防灾不仅要重视城市单个类项的防灾能力，更应重视如何提高城市整体的防灾水平，以便更有效地减轻地震灾害。一般来说，应考虑如下内容。

（1）确定合理的地震设防标准，使防灾水平与城市的经济能力达到最佳组合关系。

（2）结合城市改造和土地利用，尽量缩小城市易损性组成部分，提高城市抗震能力。

（3）做好勘察工作，从地形、地貌、水文地质条件等方面评价城市用地。在可能发生滑坡或有活动断层存在的潜在不稳定地区，采取改善建筑物场址的措施或将其指定为空地。

（4）结合城市建设的地区特征，进行地震地质工作，研究不同场地的地震效应，进行地震影响小区域划分，为确定设防标准提供科学依据。

（5）结合城市改造，对不符合设防标准的已建工程按设防标准进行加固。

（6）对特定地点的生命线工程进行地震反应研究，制定生命线工程抗震设计规范，进行最佳抗震设计。同时将生命线工程尽量建成网状系统，以确保整体功能的发挥。

（7）严格控制市区规模和建筑物密度，降低人口密度，拓宽主要干道，扩大街区，增设街心花园或其他空地，确保城市疏散通道及出口的畅通。

（8）按照功能分区，合理调整工业布局，按照环保防灾要求设计和改造城市。

（9）加强本部门的专项立法工作，使城市管理秩序化、科学化。

（10）开展地震科普宣传教育工作，提高市民的综合素养，增加市民应变能力以及对抗震工作的理解与支持。

什么叫生命线工程

生命线工程主要是指维持城市生存功能和对国计民生有重大影响的工程，主要包括供水、排水系统的工程，电、燃气及石油管线等能源供给系统的工程，电话和广播电视等情报通信系统的工程，大型医疗系统的工程以及公路、铁路等交通系统的工程，等等。

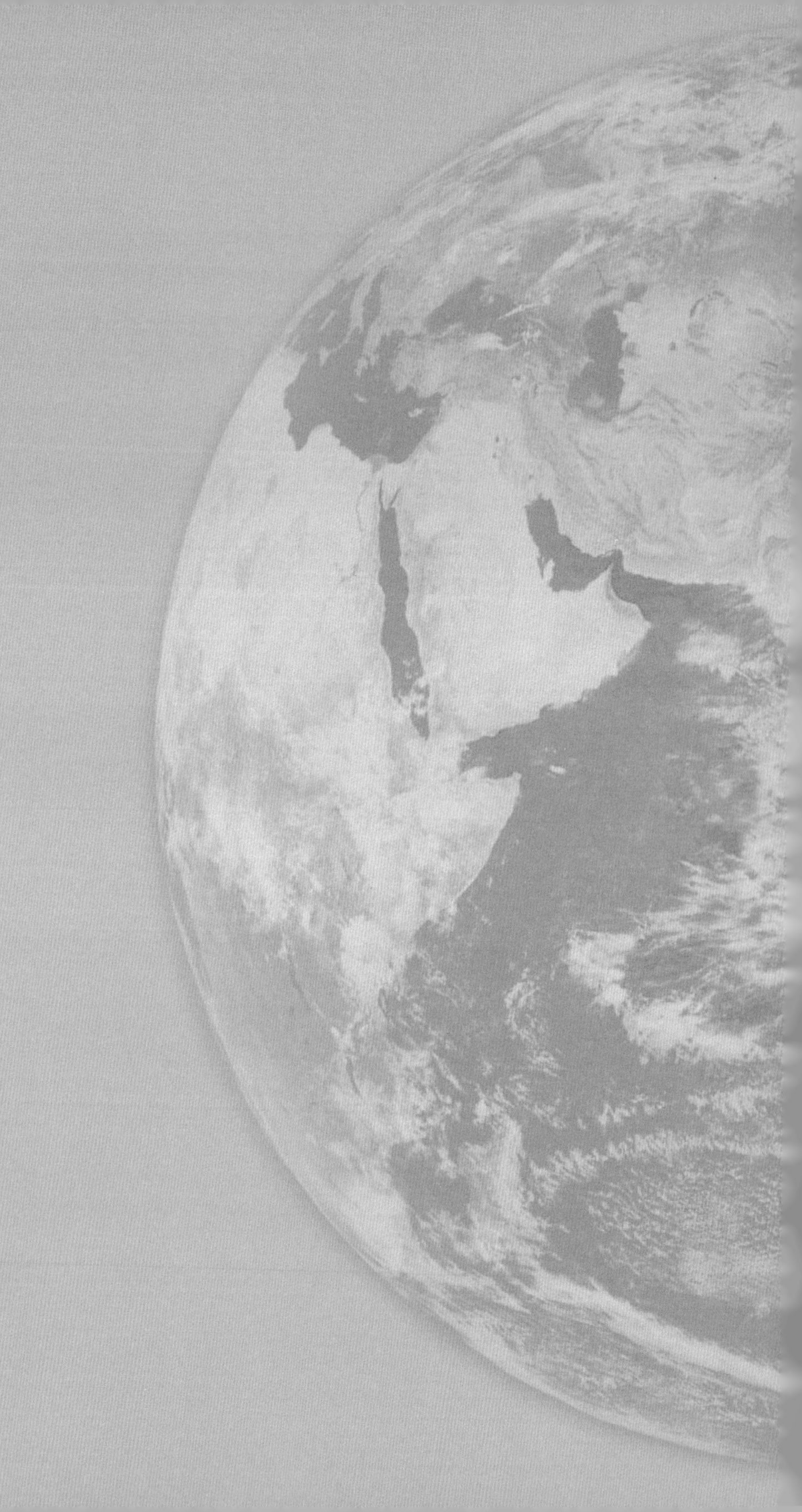

第八部分

砖房屋与木房屋的抗震措施
——农村房屋抗震知识

一、选址与地基、基础
二、砖墙体的设置与增强措施
三、圈梁与构造柱
四、屋盖的增强措施
五、木构架的增强措施
六、围护墙的增强措施

一、选址与地基、基础

1. 选址的原则

房屋要建在开阔、平坦、密实、均匀的土层或稳定的基岩上。不要在软弱土层、易液化土层、陡坡、河岸、古河道、暗埋的塘滨沟谷和半填半挖的地方建房，更不要在活动断裂带上建房（请到当地政府地震管理部门咨询）。

▲在开阔、平坦、密实、均匀的土层上建房

▲不要在河岸旁边建房

2. 地基处理

（1）夯实法：用振动、振冲、夯锤反复夯击。此法适用于处理碎石土、砂土、粉质黏土、湿陷性黄土、素填土和杂填土等地基。

（2）置换法：把原地基中的淤泥质土、松散粉细砂层挖去，用中粗砂、石块、素土填埋并分层夯实。也可采用灰土地基，常用灰土的体积比为2∶8或3∶7。

3. 打好基础

（1）深埋基础：砖基础适用于软土场地，建在比较好的老土层或经过处理后的土层上。寒冷地区应建在冻土层以下。

（2）基础宽度：若将基础设在未经过处理的软弱土层上，宽度要大些；基础设在坚硬土层上时，宽度可小些。

▲加设基础圈梁

（3）加设基础圈梁：遇到地基不均匀时，应加设基础圈梁，以防墙身开裂或产生裂缝。

（4）基础类型：混凝土基础、砖基础、毛石基础。

▲混凝土基础

▲砖基础

▲毛石基础

二、砖墙体的设置与增强措施

砖房屋是以砖墙作为承重构件的房屋。其中，采用木屋盖的为砖木结构；采用钢筋混凝土预制板或现浇钢筋混凝土板屋盖的为砖混结构。符合抗震设防标准的砖房屋有较好的抗震性能。

▲墙体相互牵拉

1. 整体设置要求

（1）房屋外形规则，尽量不要做女儿墙等易损坏的附属构件。

（2）房屋开间不宜过大，多设横墙，优先采用横墙承重。

（3）墙体布局均匀、对称，开洞要合理，不宜过大。

（4）多层砖房屋的高宽比不宜过大。

2. 墙体的增强措施

（1）改善墙体布局。房屋外墙和内横墙前后上下对齐贯通。

（2）限制单片墙体尺寸。门窗尺寸不宜过大，数量不宜过多。

（3）采用正确的砌筑方法。内、外墙尽量同时砌筑；灰浆要饱满，灰缝厚度应控制在 8 ~ 12 毫米；每层砖必须互相错缝搭接。

（4）加强墙角交接处的相互连接。

▲在砖墙拐弯处设置钢筋拉结材料

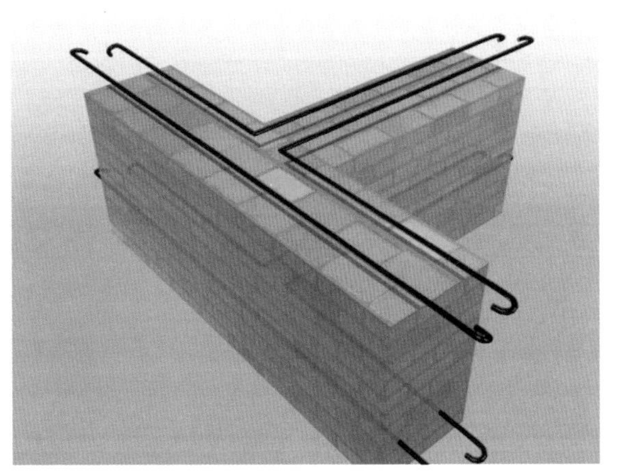

▲在砖墙丁字接头处设置钢筋拉结材料

三、圈梁与构造柱

1. 圈梁

圈梁俗称“腰箍”，在砖墙的楼层、屋面处设置连续闭合的钢筋混凝土梁。它可以有效地提高房屋的整体性能和抗震能力。圈梁有屋盖圈梁、楼盖圈梁和基础圈梁之分。

（1）圈梁的设置要求：圈梁应设置于房屋的底层、中层、顶层和基础顶层；设置于各层的外墙、内纵墙和内横墙，并与构造柱连接；各层圈梁应形成闭合约束。

（2）圈梁的做法及配筋：首先，砌筑砖墙；然后，浇筑构造柱；最后，浇筑钢筋混凝土圈梁。

▲底层圈梁

多层农居圈梁▶

2. 构造柱

钢筋混凝土构造柱是由纵筋和箍筋构成骨架，用钢筋混凝土浇筑而成。构造柱与圈梁一起组成空间骨架，能有效地提高房屋整体的抗震能力。

▲构造柱与圈梁连接

▲构造柱与墙体的连接方法

（1）构造柱的设置：构造柱设在房屋外墙四角和大开间房间的四角。

▲多层房屋构造柱的设置

▲构造柱的设置

▲构造柱钢筋骨架

▲构造柱钢筋骨架

▲构造柱支模板

（2）构造柱的制作步骤：

1）绑扎钢筋，砌筑砖墙，支模板，浇筑混凝土。

2）构造柱沿墙高应每 500 毫米设置 2 根直径为 6 毫米的拉结钢筋，钢筋每边伸入墙内不小于 1000 毫米。

3）构造柱与圈梁连接处，构造柱的纵筋应穿过圈梁，保证构造柱纵筋上下贯通。

4）构造柱可以不单独设置基础，但应伸入室外地面下 500 毫米，或锚入浅于 500 毫米的基础圈梁内。

5）构造柱与砖墙的结合面应砌成马牙槎，使构造柱与砖墙紧密结合，发挥其对砖墙的约束作用。

四、屋盖的增强措施

常见的屋盖形式有平面屋盖和坡面屋盖。屋盖的材料种类较多，针对不同情况可采用不同的增强措施，以提高屋盖的抗震能力。

▲选择合适的屋盖材料

1. 坡面屋盖

坡面屋盖的支撑通常有纵墙（外纵墙）和横墙（山墙）两种承重方式。为提高抗震能力，应多设横墙，以起到承重作用；控制木屋架的间距（即檩条的跨度）在 4 米以内。以设防烈度Ⅶ度区为例，檩条与山墙之间以及屋架支座可采用简单的锚固措施。

2. 平面屋盖

（1）预制空心板屋盖。这里要重点提示，施工时一定要与梁、墙体拉结。

（2）现浇钢筋混凝土屋盖。其整体性比预制空心板屋盖要好，值得推广。

对于Ⅸ度区砖混结构，屋盖可以同圈梁一起浇筑，屋盖钢筋应与构造柱的纵筋加以锚固。

五、木构架的增强措施

1. 合理选择木构架

提高木构架的整体稳定性，是保障木房屋抗震能力的关键。木构架有多种类型，其中，门式木构架和木柱木屋架抗震能力较弱，木柁架抗震能力中等，穿斗木构架抗震能力较强。

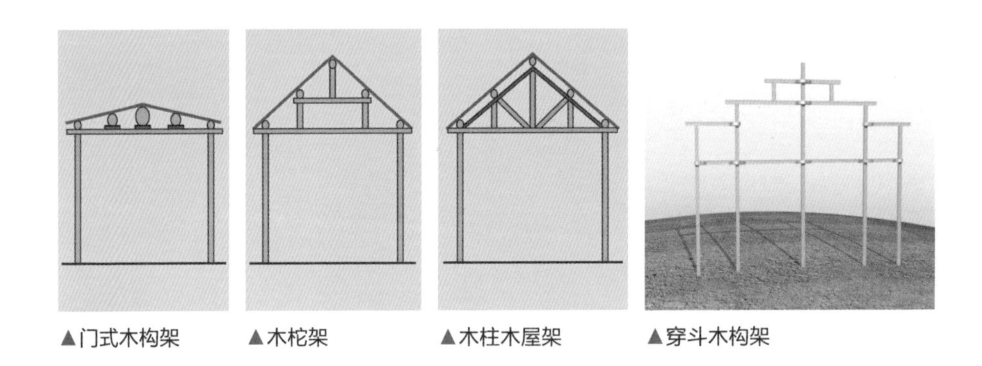

▲门式木构架　▲木柁架　▲木柱木屋架　▲穿斗木构架

2. 合理设置木构架

屋架尽量采用三支点或多支点立柱；柱与弦之间加设斜支撑；排架顶部之间、柱与柱之间设置剪刀形支撑。

▲排架顶部之间的剪刀形支撑

3. 保证立柱强度

立柱直径不可过细，并应采用强度高、不变质、底部经过防腐处理的材料；要将柱脚锚固于埋置地下的基座上，防止滑落。

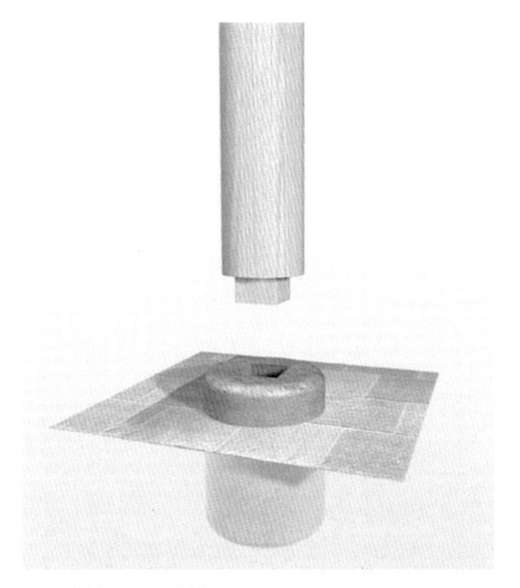

▲木柱与石礅连接

▲石礅与地面连接

4. 加强柱梁的连接和屋架的顶部构造

（1）梁和柱对接要牢靠。

▲梁柱节点和屋架间加铁件和角撑

（2）顶部各杆件之间要用钢筋螺栓和扒钉连接；梁与屋架弦、檩条与屋架弦用螺栓或扒钉连接。

▲梁柱的螺栓连接

铅丝
加固铁件

▲梁柱的螺栓连接

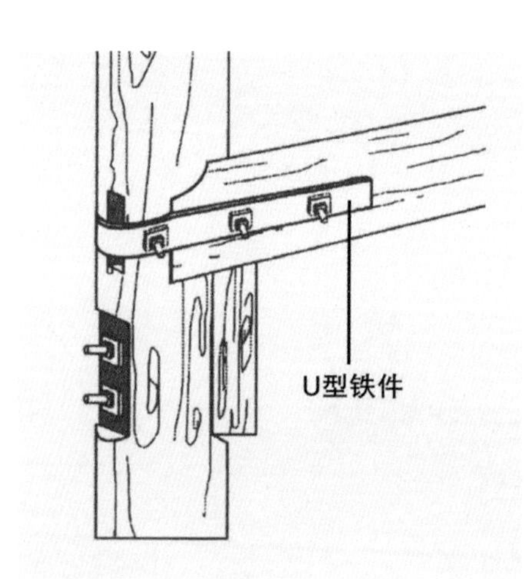

▲杆件的对接

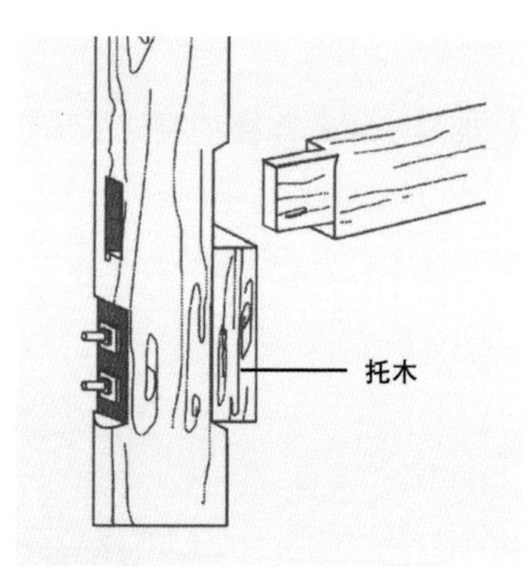

▲杆件的对接

六、围护墙的增强措施

木结构房屋的围护墙种类较多，主要有土坯墙、砖墙、木板墙、篱笆泥墙等。增强围护墙抗震性能的一般原则与砖房屋类似。另外，应注意木构架与围护墙的关系。

土坯或砖块围护墙必须砌在木构架的外侧。木柱与围护墙之间应进行固定连接。

▲木柱与围护墙的连接

▲木柱与围护墙的连接